REPTILES RAROS

Y ESPELUZNANTES PERO GENIALES

Alan Walker
Traducción de Sophia Barba-Heredia

Un libro de El Semillero de Crabtree

CRABTREE
Publishing Company
www.crabtreebooks.com

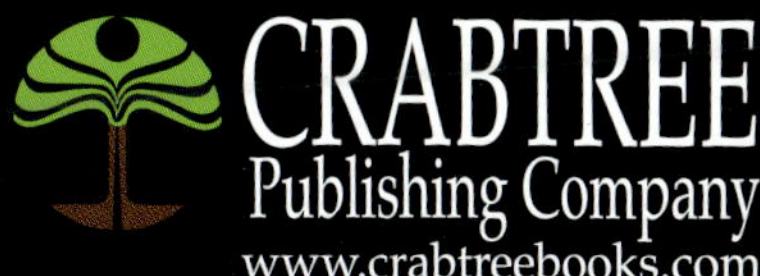

ÍNDICE

REPTILES: UN GRUPO ESCAMOSO

Los científicos dividen a los seres vivientes en seis grupos llamados *reinos*.

Los seis reinos:

Arqueobacteria

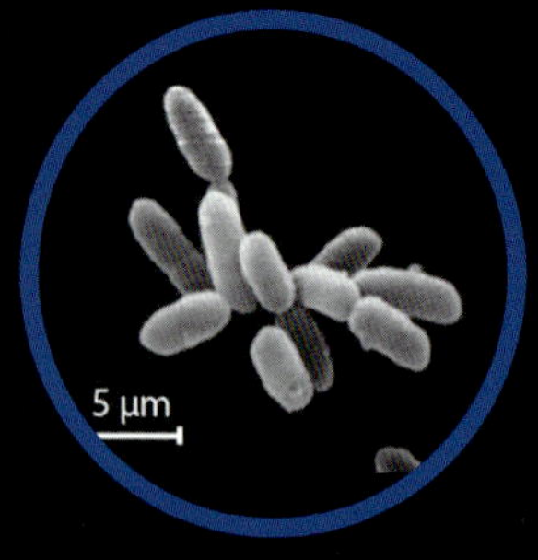

Eubacteria

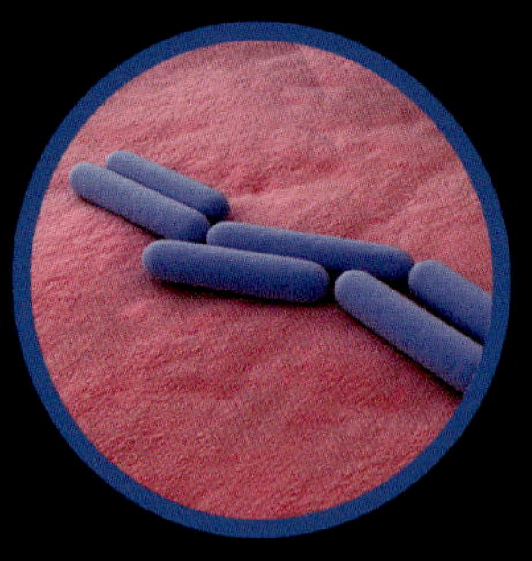

Protista

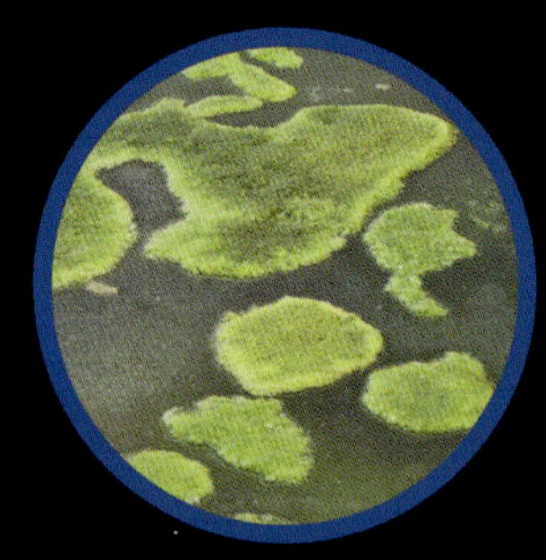

Hongos

Plantas

Animales

Cada reino se divide en grupos más y más pequeños.

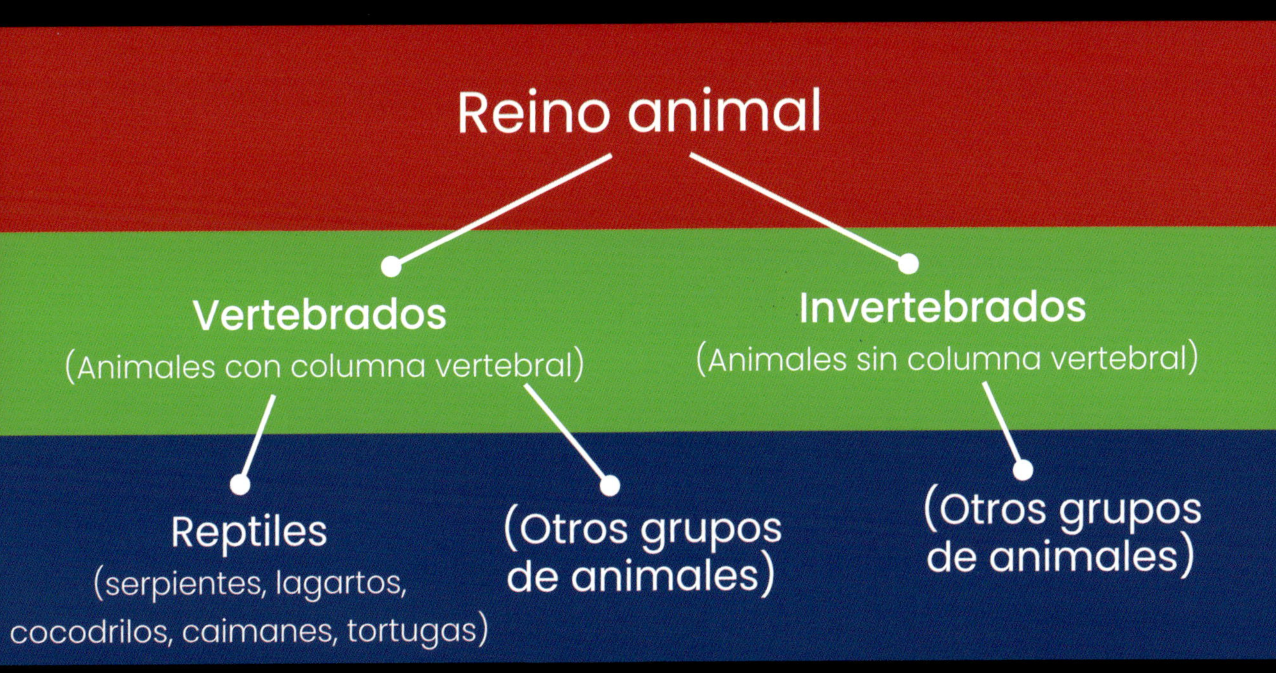

Este cuadro nos muestra solo algunos de los grupos del reino animal.

Los reptiles están agrupados juntos porque tienen piel seca y escamosa, ponen huevos en la tierra y son de **sangre fría**.

Las hembras de tortuga marina se deslizan desde el océano para poner sus huevos en la arena.

¿ESPELUZNANTE O GENIAL?

A diferencia de las tortugas de tierra, una tortuga marina no puede meter su cabeza y aletas dentro de su caparazón.

La tortuga boba es la tortuga de caparazón duro más grande del mundo.

Todos los reptiles respiran aire, inclusive los reptiles que pasan la mayor parte de su vida en el agua.

¿ESPELUZNANTE O GENIAL?

La tortuga del río Mary tiene pequeños y chistosos tubérculos en su barbilla. Pero esa no es la única parte extraña de su cuerpo. ¡Cuenta con órganos especiales que le permiten estar bajo el agua y respirar aire con su trasero!

REPTILES GIGANTES

Existen casi 11 000 **especies** de reptiles viviendo en la Tierra. Los reptiles más pesados son los cocodrilos y las tortugas.

El cocodrilo de agua salada gana el premio al reptil más pesado. Algunos han pesado más de 2 200 libras (998 kilogramos) y han medido hasta 23 pies (7 metros) de largo.

La tortuga de los Galápagos es la tortuga más grande del mundo: algunas pueden pesar hasta 550 libras (250 kilogramos).

Las tortugas de los Galápagos viven en las Islas Galápagos. Son **herbívoras** y pueden vivir hasta 150 años.

¿ESPELUZNANTE O GENIAL?

Las tortugas de los Galápagos duermen hasta 16 horas al día y pueden estar sin comida o agua por hasta un año.

La lagartija más grande del mundo tiene filosos dientes en forma de sierra y una mordida **venenosa**. Es el dragón de Komodo.

El mortal dragón de Komodo puede pesar cerca de 330 libras (150 kilogramos) y puede crecer hasta 10 pies (3 metros) de largo. Usan su lengua para oler el aire buscando comida.

¿ESPELUZNANTE O GENIAL?

No nos olvidemos de que los reptiles pueden ser pequeñitos también. ¡El camaleón Brookesia micra puede caber en un centavo!

EXTRAÑAS ADAPTACIONES

Los reptiles tienen **adaptaciones** que les ayudan a sobrevivir o a atraer parejas.

A los adultos machos de gavial les crece un bulto hueco al final del hocico. El bulto es usado para hacer un sonido que atrae a los gaviales hembra.

¿ESPELUZNANTE O GENIAL?

Los inofensivos lagartos de cuello con volantes esperan ahuyentar a sus **depredadores** con sus grandes cuellos con volantes y sus largas y amarillas bocas.

Muchos pequeños reptiles usan el **camuflaje** para esconderse de sus depredadores.

¿ESPELUZNANTE O GENIAL?

Si el camuflaje no funciona, algunos tipos de lagartos con cuernos tienen una forma única de defenderse: chorrean sangre de los ojos para ahuyentar a sus depredadores.

¿ESPELUZNANTE O GENIAL?

EL gecko cola de hoja satánico vive en la selva tropical de Madagascar. Sus colores y forma del cuerpo lo hacen casi imposible de ver en su entorno natural.

Otros reptiles usan colores brillantes para advertir a los depredadores que se mantengan alejados.

Los colores brillantes de la serpiente de coral advierten a los depredadores que su veneno es altamente venenoso.

Algunos reptiles tienen trucos geniales para atrapar a su comida.

¿ESPELUZNANTE O GENIAL?

Es difícil esconderse del camaleón. Sus ojos saltones funcionan por separado uno del otro. Esto significa que pueden ver en diferentes direcciones a la misma vez.

A un camaleón le toma una fracción de segundo disparar su lengua pegajosa y extra larga, y arrastrar su comida.

¿ESPELUZNANTE O GENIAL?

La serpiente cola de araña atrae a su **presa** al mover lentamente su cola, que luce como una araña.

adaptaciones: Formas en las que los grupos de animales cambian a través del tiempo para ayudarse a sobrevivir. Incluye cambios en la forma en la que se ven y actúan.

camuflaje: Colores y patrones que ayudan a los animales a perderse en su entorno.

depredadores: Animales que cazan y comen a otros animales.

especies: Un tipo específico de animales dentro de un grupo: *la tortuga boba es una especie dentro del grupo de tortugas marinas.*

herbívoras: Que solo comen plantas.

presa: Animal que es cazado y comido por otro animal.

sangre fría: Los animales de sangre fría usan su entorno para cambiar su temperatura corporal.

venenosa: Que inyecta veneno a través de una mordida o picadura.

ÍNDICE ANALÍTICO

Apoyos de la escuela a los hogares para cuidadores y maestros

Este libro ayuda a los niños en su desarrollo al permitirles practicar la lectura. Abajo están algunas preguntas guía para ayudar al lector a fortalecer sus habilidades de comprensión. En rojo hay algunas opciones de respuesta.

Antes de leer:

- **¿De qué pienso que tratará este libro?** *Pienso que este libro es sobre espeluznantes reptiles. Pienso que este libro es sobre cómo sobreviven los reptiles.*
- **¿Qué quiero aprender sobre este tema?** *Quiero aprender qué reptiles son venenosos y dónde viven. Quiero aprender cuál es el reptil más grande y cuánto pesa.*

Durante la lectura:

- **Me pregunto por qué...** *Me pregunto por qué las tortugas de los Galápagos duermen hasta 16 horas al día. Me pregunto por qué la tortuga de río Mary puede estar debajo del agua y respirar aire de su trasero.*
- **¿Qué he aprendido hasta ahora?** *Aprendí que los camaleones tienen ojos saltones que funcionan separadamente uno del otro y pueden ver en dos direcciones a la misma vez. Aprendí que existen casi 11 000 especies de reptiles viviendo en la Tierra, y todas respiran aire.*

Después de leer:

- **¿Qué detalles aprendí de este tema?** *Aprendí que los científicos dividen a los seres vivientes en seis grupos llamados reinos. Aprendí que los reptiles son agrupados juntos porque tienen piel seca y escamosa, ponen huevos y son de sangre fría.*
- **Lee el libro de nuevo y busca las palabras del glosario.** *Veo las palabras* ***sangre fría*** *en la página 6 y la palabra* ***venenosa*** *en la página 14. Las demás palabras del vocabulario están en la página 23.*

Library and Archives Canada Cataloguing in Publication
Title: Reptiles raros y espeluznantes pero geniales / Alan Walker ; traducción de Sophia Barba-Heredia.
Other titles: Weird reptiles. Spanish
Names: Walker, Alan, 1963- author. | Barba-Heredia, Sophia, translator.
Description: Translation of: Weird reptiles. | Includes index. | "Un libro de el semillero de Crabtree". | Text in Spanish.
Identifiers: Canadiana (print) 20210257539 | Canadiana (ebook) 20210257547 | ISBN 9781039618664 (hardcover) | ISBN 9781039618787 (softcover) | ISBN 9781039618909 (HTML) | ISBN 9781039619029 (EPUB) | ISBN 9781039619142 (read-along ebook)
Subjects: LCSH: Reptiles—Juvenile literature.
Classification: LCC QL644.2 .W3518 2022 | DDC j597.9—dc23

Library of Congress Cataloging-in-Publication Data
Names: Walker, Alan, 1963- author.
Title: Reptiles raros y espeluznantes pero geniales / Alan Walker ; traducción de Sophia Barba-Heredia.
Other titles: Weird reptiles. Spanish
Description: New York : Crabtree Publishing, 2022. | Series: Espeluznantes pero geniales - un libro el semillero de Crabtree | Includes index.
Identifiers: LCCN 2021031654 (print) | LCCN 2021031655 (ebook) | ISBN 9781039618664 (hardcover) | ISBN 9781039618787 (paperback) | ISBN 9781039618909 (ebook) | ISBN 9781039619029 (epub) | ISBN 9781039619142
Subjects: LCSH: Reptiles--Juvenile literature.
Classification: LCC QL644.2 .W35 2022 (print) | LCC QL644.2 (ebook) | DDC 597.9--dc23
LC record available at https://lccn.loc.gov/2021031654
LC ebook record available at https://lccn.loc.gov/2021031655

Crabtree Publishing Company
www.crabtreebooks.com 1–800–387–7650

Published in the United States
Crabtree Publishing
347 Fifth Ave.
Suite 1402-145
New York, NY 10016

Published in Canada
Crabtree Publishing
616 Welland Ave.
St. Catharines, Ontario
L2M 5V6

Written by Alan Walker
Translation to Spanish: Sophia Barba-Heredia
Spanish-language layout and proofread: Base Tres
Print coordinator: Katherine Berti
Printed in the U.S.A./092021/CG20210616

Print book version produced jointly with Blue Door Education in 2022

Photo Credits: Cover photo ©Shutterstock.com/Cezary Wojtkowsk, Page 4 images Sebastian Kaulitzki, dominique landau, Nicky Rhodes, Light & Magic Photography, worldswildlifewonders, Page 6 ©Shutterstock.com/Agami Photo Agency, pages 8-9 ©Shutterstock.com/robdowner; pages 10-11 ©Shutterstock.com/Meister Photos, pages 12-13 ©Shutterstock.com/Maridav, page 14 ©Shutterstock.com/Anna Kucherova, page 15 ©Shutterstock.com/Agami Photo Agency, page 16 ©Shutterstock.com/Cheng Wei, page 17 ©Shutterstock.com/Matt Cornish, pages 18-9 illustration ©Shutterstock.com/Sergey Mikhaylov, photo ©Shutterstock.com/Dennis W Donohue, pages 20 (leaf-tail gecko) and 22 ©Shutterstock.com/reptiles4all, page 20 coral snake ©Shutterstock.com/Patrick K. Campbell, page 21 ©Shutterstock.com/Svoboda Pavel, page 22 ©Shutterstock.com/pittaya